Aventuras de viaje

Acampar

Figuras bidimensionales

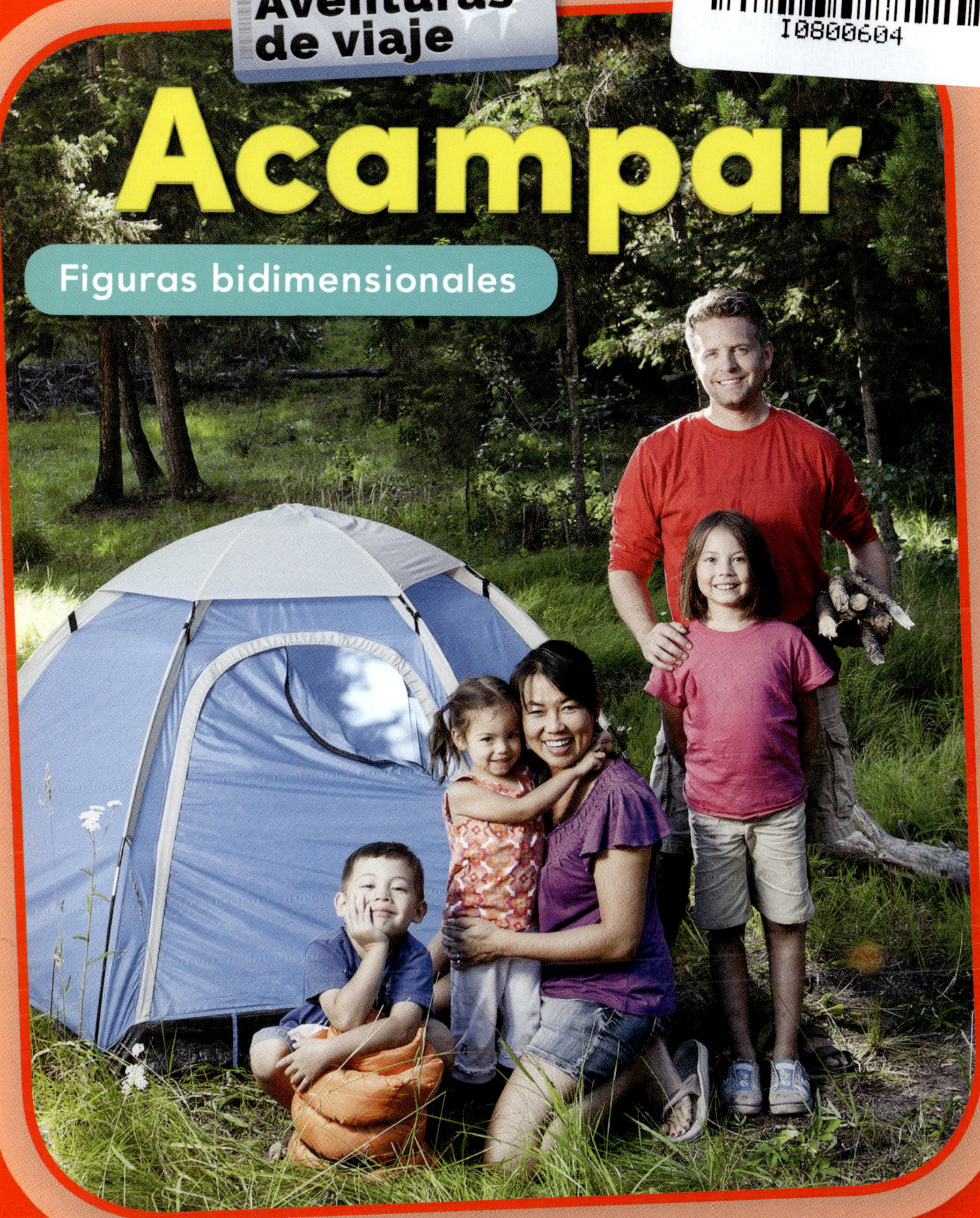

Dona Herweck Rice

Nos encanta acampar.

Vemos figuras a nuestro alrededor.

Vemos círculos.

Vemos triángulos.

Vemos cuadrados.

Vemos rectángulos.

Vemos hexágonos.

Vemos tantas figuras.

¡Las vemos por todas partes!

Resolución de problemas

Trajimos alimentos a la acampada. ¿Qué figuras tienen los alimentos?

1. Escribe los nombres de las figuras. Escribe la cantidad de lados y de ángulos.
2. Escoge 2 alimentos. ¿En qué se parecen las figuras? ¿En qué se diferencian?

Alimentos	Nombre de la figura	Cantidad de lados	Cantidad de ángulos

Soluciones

1. triángulo; 3; 3
   cuadrado; 4; 4
   hexágono; 6; 6
   rectángulo; 4; 4

2. Las respuestas variarán. Ejemplo: El cuadrado y el rectángulo tienen 4 lados. Los 4 lados del cuadrado son iguales.

Asesoras

Nicole Belasco, M.Ed.
Maestra de jardín de niños, Distrito Escolar Colonial

Colleen Pollitt, M.A.Ed.
Maestra de apoyo de matemáticas, Escuelas Públicas del Condado de Howard

Créditos de publicación

Rachelle Cracchiolo, M.S.Ed., *Editora comercial*
Conni Medina, M.A.Ed., *Redactora jefa*
Dona Herweck Rice, *Realizadora de la serie*
Emily R. Smith, M.A.Ed., *Realizadora de la serie*
Diana Kenney, M.A.Ed., NBCT, *Directora de contenido*
June Kikuchi, *Directora de contenido*
Véronique Bos, *Directora creativa*
Robin Erickson, *Directora de arte*
Caroline Gasca, M.S.Ed, *Editora superior*
Stacy Monsman, M.A.Ed., *Editora*
Karen Malaska, M.Ed., *Editora*
Michelle Jovin, M.A., *Editora asociada*
Sam Morales, M.A., *Editor asociado*
Fabiola Sepúlveda, *Diseñadora gráfica*
Jill Malcolm, *Diseñadora gráfica básica*

Crééditos de imágenes: Todas las imágenes provienen de iStock y/o Shutterstock.

Library of Congress Cataloging-in-Publication Data

Names: Rice, Dona, author.
Title: Aventuras de viaje. Acampar : figuras bidimensionales / Dona Herweck Rice.
Other titles: Travel adventures. Camping. Spanish | Acampar
Description: Huntington Beach : Teacher Created Materials, Inc., [2020] | Series: Mathematics readers | Audience: K to grade 3.
Identifiers: LCCN 2018052852 | ISBN 9781425828349 (pbk.)
Subjects: LCSH: Camping--Juvenile literature. | Shapes--Juvenile literature.
Classification: LCC GV191.7 .R5518 2020 | DDC 796.5--dc23 LC record available at https://lccn.loc.gov/2018052852

Teacher Created Materials
5301 Oceanus Drive
Huntington Beach, CA 92649-1030
www.tcmpub.com

ISBN 978-1-4258-2834-9

Printed in China
Nordica.082019.CA21901320